国家中等职业教育
改革发展示范学校建设系列成果

CAXA 应用实训指导书

CAXA YINGYONG SHIXUN ZHIDAOSHU

主　编　邓云辉

主　审　阳廷龙　阳溶冰

参　编　李　培　魏世煜　钱　飞

　　　　杨雯俐　荀树党

U0190592

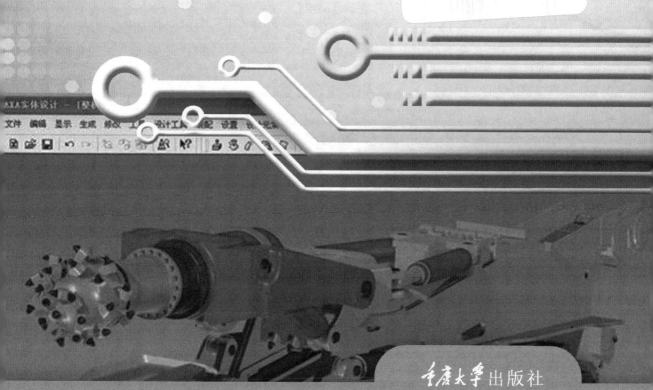

重庆大学出版社

图书在版编目（CIP）数据

CAXA 应用实训指导书/邓云辉主编.—重庆：重庆
大学出版社,2014.6

国家中等职业教育改革发展示范学校建设系列成果

ISBN 978-7-5624-8346-5

Ⅰ.①C… Ⅱ.①邓… Ⅲ.①CAXA—数控加工设计—
中等职业教育—指导书 Ⅳ.①TN

中国版本图书馆 CIP 数据核字（2014）第 071412 号

国家中等职业教育改革发展示范学校建设系列成果

CAXA 应用实训指导书

主 编 邓云辉

主 审 阳廷龙 阳溶冰

策划编辑：王海琼

责任编辑：杨 漫 版式设计：杨 漫
责任校对：邹 忌 责任印制：赵 晟

*

重庆大学出版社出版发行

出版人：易树平

社址：重庆市沙坪坝区大学城西路 21 号

邮编：401331

电话：（023）88617190 88617185（中小学）

传真：（023）88617186 88617166

网址：http://www.cqup.com.cn

邮箱：fxk@ cqup.com.cn（营销中心）

全国新华书店经销

POD：重庆新生代彩印技术有限公司

*

开本：787mm×1092mm 1/16 印张：5.25 字数：131 千

2014 年 8 月第 1 版 2014 年 8 月第 1 次印刷

ISBN 978-7-5624-8346-5 定价：11.00 元

前　言

随着我国制造业的迅猛发展,先进的数控设备正以其前所未有的速度进入各类制造业企业,中国已成为世界的制造业大国。编写本书的目的是为了适应新的形势,加强对数控加工技术专业技能型紧缺人才的培养,以解决数控技工紧缺等突出问题,为现代制造技术的应用和推广打下良好的人才基础。

《CAXA 应用实训指导书》是《CAXA 应用实训》的配套教材,以 CAXA 制造工程师 2013正式版为操作平台,介绍了 CAXA 制造工程师 2013 的一些常用命令及实用操作技术。全书共分 12 个项目的实训指导内容,内容包括:CAXA 制造工程师 2013 基础知识和项目练习中的功能扩展。对 CAXA 制造工程师 2013 的数据转换、操作界面的个性设置及工艺清单的输出、多轴产品设计和加工模块的运用,以及 CAXA 制造工程师 2013 在产品设计、三轴加工、后置处理等方面的使用技巧。以学习活动形式完成 12 个实训内容的理论学习和实践操作。

全书通过实例讲解操作方法,图文并茂,由浅入深,易学易懂,突出了实用性,以技能训练为主线索、相关知识为支撑,落实“管用、够用、适用”的教学指导思想,通过任务引领项目活动,使学生具备本专业的高素质劳动者和高级技术应用型人才所必需的 CAXA 制造工程师的基本知识和基本技能。

本书是为了适应现代制造业对数控技能型人才的需要,为各类高等职业教育、中等职业教育学校进行数控技能综合训练而编写的教材。本书也可作为考取国家劳动与社会保障部的职业技能等级证书及考取信息产业部数控工艺员证书的新型培训教材。

目 录

项目 1

CAXA 制造工程师基础知识

学习目标:

1. 能启动 CAXA 制造工程师软件;能打开已存储的 CAXA 制造工程师文件;能对当前文件进行保存。

2. 能启动主菜单中的操作指令;能操作立即菜单提示项目;能完成快捷菜单的操作。

3. 能对工具条进行开启和关闭;能调整工具条的位置。

4. 能完成选择及拾取工具的操作。

5. 掌握鼠标键、回车键、数值键、空格键等常用键的操作。

建议学时:6 学时。

工作情境描述:

CAXA 制造工程师将 CAD 模型与 CAM 加工技术无缝集成,可直接对曲面、实体模型进行一致的加工操作。支持先进实用的轨迹参数化和批处理功能,明显提高工作效率。支持高速切削,大幅度提高加工效率和加工质量。

工作流程与活动:

1. 启动 CAXA 制造工程师软件。(0.5 学时)

2.熟悉 CAXA 制造工程师的工作界面。(2.5 学时)

3.熟悉 CAXA 制造工程师的基本操作。(2 学时)

4.总结评价。(1 学时)

学习活动 1　CAXA 制造工程师 2013 启动及退出

学习目标：

1.能正确启动 CAXA 制造工程师软件。

2.能打开已有的".mxe"文件。

3.能对当前的文件进行保存。

学习过程：

1.启动"CAXA 制造工程师 2013"软件。

(1)(　　)桌面快捷方式 。

(2)使用【开始】级联菜单的过程：点击"开始"→"所有程序"→"　　　"→"

　　　"→" CAXA 制造工种 2013"。

2.选择如图 1.1 所示的文件路径,打开如图 1.2 所示的文件。

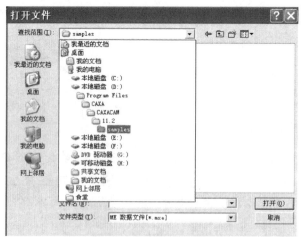

图 1.1　打开文件路径

图 1.2 打开文件

3. 存储文件。在"E"盘建一个文件夹，名称"学号姓名"，将打开的文件存储到文件夹中，如图 1.3 所示。

图 1.3 存储文件

学习活动 2　CAXA 制造工程师软件的用户界面

学习目标：

1. 熟悉 CAXA 制造工程师软件的用户界面所示的内容。
2. 了解各区域的功能。
3. 掌握各区域功能的基本操作。

学习过程：

1. 将如图 1.4 所示的 CAXA 制造工程师软件的用户界面中所指区域表示的内容填写到方框中。

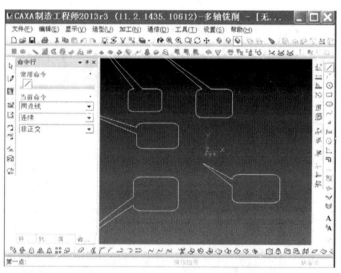

图 1.4　CAXA 制造工程师用户界面

2. 制造工程师的用户界面和其他 Windows 风格的软件一样,各种应用功能通过(　　)和(　　)驱动;状态栏指导用户进行(　　)并提示当前(　　)和所处位置;特征/轨迹树记录了历史操作和相互关系;绘图区显示各种功能操作的(　　);同时,绘图区和特征/轨迹树为用户提供了数据的(　　)的功能。

3. 制造工程师工具条中每一个按钮都对应(　　)菜单命令,单击按钮和单击菜单命令是完全(　　)。

4. 主菜单位于界面(　　),包括:文件、(　　)、显示、(　　)、加工、工具、设置和帮助。

每个主菜单都含有若干个下拉式(　　)菜单,如图1.5所示。

图1.5　主菜单

图1.6　快捷菜单

5.执行【造型】菜单中的【曲线生成】中的【直线】命令后,界面左侧弹出立即菜单。当前命令第一项显示(　　)。按"空格键"显示的是(　　)快捷菜单,如图1.6所示。

学习活动3　CAXA 制造工程师的基本操作

学习目标:

1.熟悉鼠标键、回车键、空格键的应用。
2.熟悉常用键的功用。

学习过程:

1.鼠标键的应用。
(1)鼠标左键的应用。

(2)鼠标右键的应用。

2. 回车键。在绘图状态,点击曲线生成后,当需输入点时,按( ),激活坐标输入条,输入坐标后再次按( )完成点的生成。

3. 空格键。

(1)当要输入点时,按空格键,系统弹出" "菜单。

(2)在曲面设计中,要选择方向时,按空格键,系统弹出" "(方向工具)菜单。

(3)当需要拾取元素时,按空格键,系统弹出" "菜单。

(4)有些操作,如"曲线组合",按空格键,系统弹出( )快捷菜单。

4. 常用键。如图 1.7 所示,需按( )键。

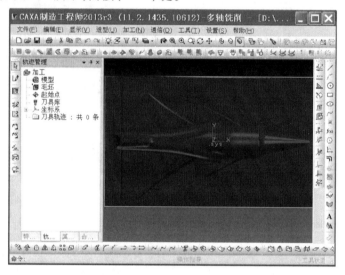

图 1.7 显示"XOY"平面

如图 1.8 所示,需按( )键。

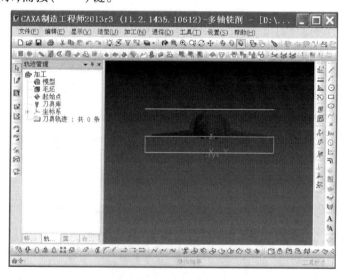

图 1.8 显示"YOZ"平面

如图 1.9 所示,需按(　　　)键。

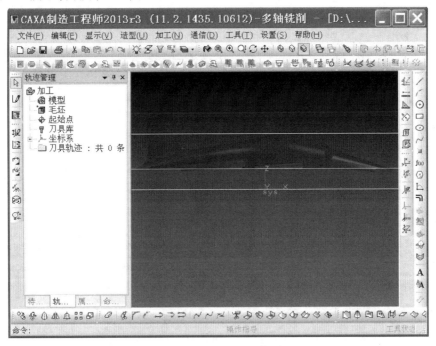

图 1.9　显示"XOZ"平面

如图 1.10 所示,需按(　　　)键。

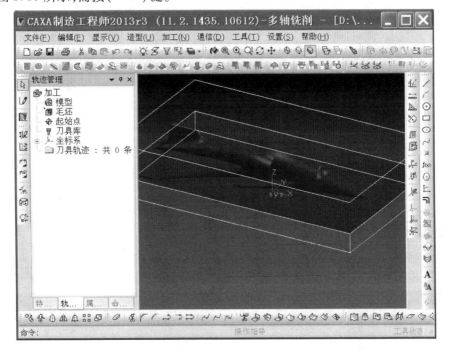

图 1.10　"轴测"显示

学习活动 4　工作总结与评价

学习目标：

1. 能按分组情况,分别派代表展示工作成果,说明本次任务的完成情况,并分析总结。
2. 能结合自身任务完成情况,正确规范地撰写工作总结(心得体会)。
3. 能就本次任务中出现的问题,提出改进措施。
4. 能对学习与工作进行反思总结,并能与他人开展良好的合作,进行有效的沟通。
5. 能按要求正确、规范地完成本次学习活动工作页的填写。

学习过程：

1. 小组讨论:常用的 CAD/CAM 软件有哪些?

2. 自评总结(心得体会)。

3. 教师评价。
(1)找出各组的优点进行点评。
(2)对任务完成过程中各组的缺点进行点评,提出改进方法。
(3)对整个任务完成中出现的亮点和不足进行点评。

评价与分板：

任务评价表

班级 _____ 学生姓名 _____ 学号 _____

评价 分值 权重 项目	自我评价			小组评价			教师评价		
	9~10	6~8	1~5	9~10	6~8	1~5	9~10	6~8	1~5
	占总评10%			占总评20%			占总评70%		
学习活动 1									
学习活动 2									
学习活动 3									
学习活动 4									
表达能力									
协作精神									
纪律观念									
工作态度									
任务总体表现									
小计分									
总评分									

任课教师： 年 月 日

项目 2

凸轮造型与加工

学习目标：

1. 掌握曲线绘制中"公式曲线""直线""圆""等距线"的操作。

2. 掌握线面编辑中"曲线图过渡"的操作。

3. 学习和掌握利用 CAXA 制造工程师进行特征构造的一般方法，掌握特征生成中"拉伸增料""过渡"的操作步骤。

4. 掌握数控加工的基本知识，练习加工刀具路径和数控程序的生成过程，掌握"轮廓加工"操作步骤，初步学习利用 CAXA 进行数控铣削加工的方法。

建议学时:6 学时。

工作情境描述：

某企业定制一批凸轮，数量为 30 件，生产主管部门将生产任务交给车间，交货期 7 天，来料加工。现车间安排车工组完成此车削任务。凸轮是由公式曲线组成，应用 CAXA 制造工程师完成加工轨迹的生成。

工作流程与活动：

1. 绘制凸轮线架草图。（1 学时）

2.制作凸轮实体模型。（1 学时）

3.生成凸轮轮廓线粗、精加工加工轨迹线。（1 学时）

4.生成凸轮轮廓线粗、精加工加工"G"代码。（1 学时）

5.总结评价。（2 学时）

学习活动 1 凸轮的实体造型

1.查阅资料讨论凸轮的种类和用途。

2.为什么选择"*XOY*"平面作图。

3.解释凸轮公式曲线的各项参数的含义。

$$\rho \; = \; 100 \; + \; 40 \; \times \; t \; / \; (3.1415926 \times 2)$$

4.直线是图形构成的基本要素。直线功能提供了两点线、（　　　）、角度线、（　　　）、角等分线和水平/铅垂线 6 种方式。

5.直线绘制参数中的"单个"：是指每次绘制的直线段相互（　　　），互不相关。

6.直线绘制参数中的"正交"：是指所画直线与（　　　）平行。

7.圆是图形构成的基本要素，为了适应各种情况下圆的绘制，圆功能提供了（　　　）、（　　　）和（　　　）3 种方式。

8.选择"原点"为"圆心"时，"点"快捷菜单选项为"　　　"。

9."快速裁剪"中折注意事项。

（1）当系统中的复杂曲线极多时，建议（　　　）快速裁剪。因为在大量复杂曲线处理过程中，系统计算速度较慢，从而将影响用户的工作效率。

（2）在快速裁剪操作中，拾取同一曲线的不同位置，将产生（　　　）的裁剪结果。

10.简述绘制草图的过程。

11."草图环检查"用来检查草图环是否( )。当草图环不封闭时,系统提示"草图在标记处为开口状态",并在草图中用红色的点标记出来。有开口的草图是( )生成特征造型。

12."拉伸增料"中的拉伸"拉伸对象":是指对需要拉伸的( )的选取;"反向拉伸":是指与( )方向相反的方向进行拉伸;"增加拔模斜度":是指使拉伸的实体带有( );"角度":是指拔模时( )与( )的夹角。"双向拉伸":是指以( )为中心,向相反的两个方向进行拉伸,深度值以( )为中心平分。

学习活动 2　凸轮加工前的准备

1. 打开"刀具库"增加→"刀具定义"对话框如图 2.1 所示,设置刀杆长"80"mm、刃长"50"mm、直径"20"mm 的立铣刀。

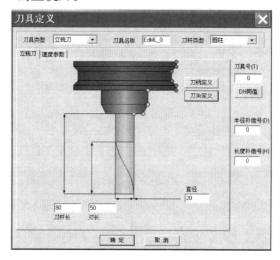

图 2.1　刀具定义对话框

2. 认识下面的刀具类型,并在表 2.1 中写出刀具名称及适用范围。

表 2.1

刀具类型	刀具名称及适用范围

续表

刀具类型	刀具名称及适用范围

续表

刀具类型	刀具名称及适用范围
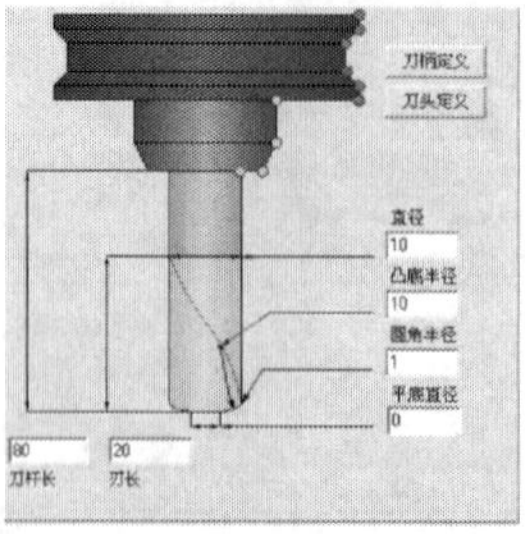	
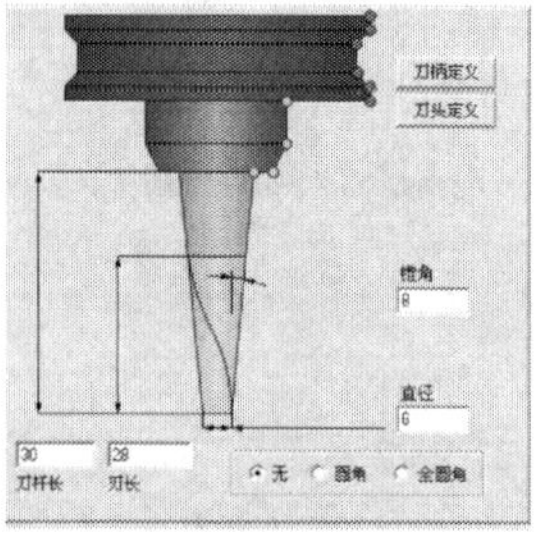	
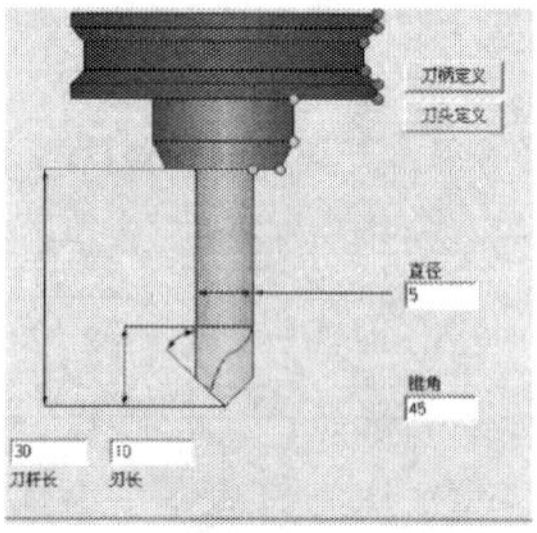	
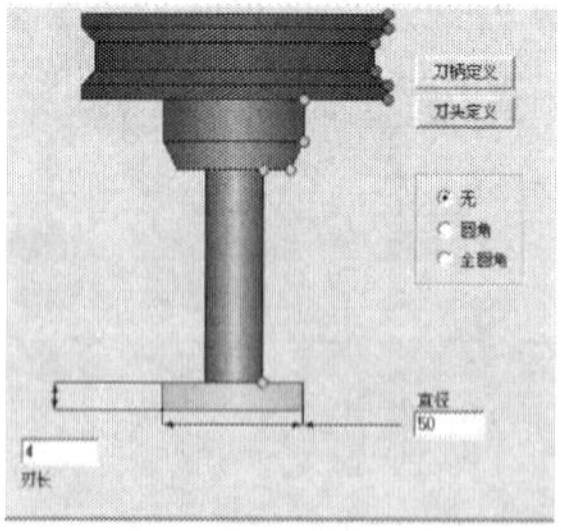	

3. 打开机床"后置设置"对话框,所使用的机床选择系统,如图2.2所示。

图2.2 选择数控系统

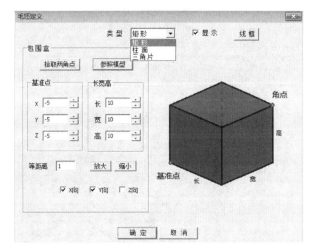

图2.3 毛坯定义

4.毛坯定义对话框如图2.3所示。

(1)根据所要加工工件的形状选择毛坯的形状,分为( ),( )和三角片3种毛坯方式;

(2)系统提供了3种毛坯定义的方式。

两点方式:通过拾取毛坯的( )(与顺序,位置无关)来定义毛坯。

参照模型:系统自动计算模型的( ),以此作为毛坯。

基准点:毛坯在世界坐标系(.sys.)中的( )点。

(3)毛坯显示。显示毛坯:设定是否在工作区中显示( )。显示的方式有( )和( )两种。

学习活动3 生成凸轮加工轨迹

1.根据加工的凸轮毛坯,设置"平面轮廓精加工"的"加工参数",如图2.4所示,并简要说明。

2."刀次"是指生成的刀位的( )数。

(1)"行距"。每( )刀位之间的距离。

(2)偏移类型。ON:刀心线与轮廓( )。

    TO:刀心线( )轮廓一个刀具半径。

    PAST:刀心线( )轮廓一个刀具半径。

比较3种偏移类型产生的加工轨迹的不同。

3.下刀方式参数。

(1)安全高度:刀具快速移动而不会与毛坯或模型发生( )的高度。

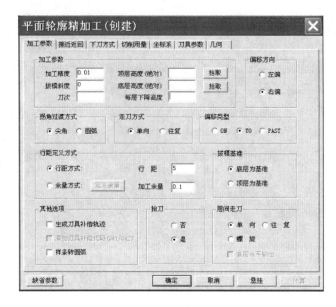

图 2.4 平面轮廓精加工参数表

（2）慢速下刀距离：在切入或切削开始前的一段刀位轨迹的位置长度，这段轨迹以
（　　　）下刀速度垂直向下进给。

（3）退刀距离：在切出或切削结束后的一段刀位轨迹的位置长度，这段轨迹以退刀速度
垂直（　　　）进给。

4.切入方式。

（1）垂直：刀具沿（　　　）方向切入。

（2）螺旋：刀具（　　　）方式切入。

（3）倾斜：刀具以与切削方向相反的（　　　）方向切入。

（4）渐切：刀具沿加工切削轨迹（　　　）。

（5）长度：切入轨迹段的长度，以切削开始位置的（　　　）为参考点。

（6）节距：螺旋和倾斜切入时走刀的（　　　）。

（7）角度：渐切和倾斜线走刀方向与 *XOY* 平面的（　　　）。

5.在切削用量示意图 2.5 中，各颜色段表示的含义。

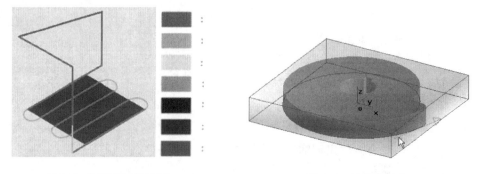

图 2.5 切削用量示意图　　　　　图 2.6 链搜索方向

6. 拾取的加工轮廓曲线将变为(　　　)色。

7. 确定链搜索方向时,如图 2.6 所示。选择向(　　　)箭头。和"加工参数"中的(　　　)有关。

8. 比较精加工参数(图2.7)与粗加工参数有什么不同。

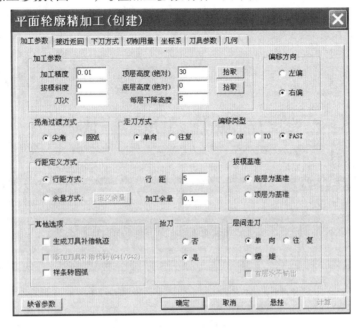

图2.7　平面轮廓精加工参数

学习活动4　轨迹仿真

1. 请写出下列图标的功能。

2. 请写出下列操作按钮的含义。

：

：

：

：

：

：

▶▶：

⟳：

⟳：

3. " 切削仿真 " 对话框能够设置对刀（   ）、刀（   ）、刀（   ）、刀（   ）的干涉检查。

学习活动 5　生成 "G" 代码

1. 将生成的 "G" 代码文件保存到 "E: 学号姓名 \ NC0001。Cut"，当前选择的数控系统 "fanuc"。如图 2.8 所示。

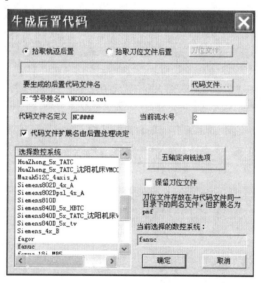

图 2.8　生成后置代码

2. 输入文件名后拾取确认键，系统提示拾取刀具轨迹。当拾取到刀具轨迹后，该刀具轨迹变为（   ）的虚线。可以拾取（   ）刀具轨迹，鼠标右键结束拾取，系统即生成数控程序。

学习活动 6　生成加工工艺单

1. 拾取（   ）条加工轨迹。

2. 工艺清单输出结果中分别包含的内容。

工艺清单输出结果：

- general.html
- function.html
- tool.html
- path.html
- ncdata.html

学习活动 7　工作总结与评价

学习目标：

1. 能按分组情况,分别派代表展示工作成果,说明本次任务的完成情况,并分析总结。
2. 能结合自身任务完成情况,正确规范地撰写工作总结(心得体会)。
3. 能就本次任务中出现的问题,提出改进措施。
4. 能对学习与工作进行反思总结,并能与他人开展良好的合作,进行有效的沟通。
5. 能按要求正确规范地完成本次学习活动工作页的填写。

学习过程：

1. 小组讨论:探索凸轮加工还有哪些方法?

2. 自评总结(心得体会)。

3. 教师评价。
(1)找出各组的优点进行点评。

（2）对任务完成过程中各组的缺点进行点评，提出改进方法。

（3）对整个任务完成中出现的亮点和不足进行点评。

评价与分析：

任务评价表

班级 _____ 学生姓名 _____ 学号 _____

项目	自我评价 占总评10%			小组评价 占总评20%			教师评价 占总评70%		
	9～10	6～8	1～5	9～10	6～8	1～5	9～10	6～8	1～5
学习活动1									
学习活动2									
学习活动3									
学习活动4									
学习活动5									
学习活动6									
学习活动7									
表达能力									
协作精神									
纪律观念									
工作态度									
任务总体表现									
小计分									
总评分									

任课教师： 年 月 日

项目 3

鼠标的曲面造型与加工

学习目标：

1. 掌握曲线绘制中"矩形""样条曲线""圆弧"的操作。

2. 掌握曲面生成栏中"直纹面""扫描面"的操作。

3. 掌握曲面编辑栏中"曲面裁剪""曲面过渡"的操作。

4. 熟悉利用曲面进行线框造型的基本步骤；掌握零件构造的基本方法。

5. 学习和掌握利用 CAXA 制造工程师进行特征构造的一般方法，掌握特征生成中"拉伸增料""过渡"的操作步骤。

6. 掌握数控加工的基本知识，练习加工刀具路径和数控程序的生成过程，掌握"等高线粗加工""等高线精加工"的操作步骤，初步学习利用 CAXA 进行数控铣削加工的方法。

建议学时：6 学时。

工作情境描述：

某企业定制一批鼠标模具，数量为 30 件，生产主管部门将生产任务交给车间，交货期 7 天，来料加工。现车间安排车工组完成此车削任务。鼠标是由曲面组成，应用 CAXA 制造工程师完成加工轨迹的生成。

工作流程与活动：

1. 绘制鼠标曲面造型。（1 学时）
2. 制作鼠标实体模型。（1 学时）
3. 学习数控加工的基本知识、等高线粗、精加工方法。（1 学时）
4. 掌握数控加工的基本知识，练习加工刀具路径和数控程序的生成过程，初步学习利用 CAXA 进行数控铣削加工的方法。（1 学时）
5. 总结评价。（2 学时）

学习活动 1　鼠标造型

1. 如果用"中心_长_宽"绘制矩形，长和宽分别设置为（　　，　　），中心为（　　，　　，　　）。
2. 绘制圆弧时选择（　　），在点快捷菜单中选择（　　）。
3. 比较"曲线组合"时，3 种拾取方式产生的效果。
4. 扫描面：按照给定的（　　）位置和扫描（　　）将曲线沿指定方向以一定的（　　）扫描生成曲面。
5. 在扫描面生成时，按"空格键"弹出的是（　　）快捷菜单，如图 3.1 所示。
6. 扫描面参数设置中：

起始距离——生成曲面的起始位置与曲线平面沿扫描方向上的（　　）。

扫描距离——生成曲面的起始位置与终止位置沿扫描方向上的（　　）。

扫描角度——生成的曲面母线与扫描方向的（　　）。

图 3.1　矢量工具

7. 曲面裁剪有 5 种方式：（　　）裁剪、（　　）裁剪、（　　）裁剪、（　　）裁剪和裁剪恢复。
8. 面裁剪：剪刀曲面和被裁剪曲面求交，用求得的（　　）作为剪刀线来裁剪曲面。
9. 样条线中"逼近"的方式：

顺序输入一系列点，系统根据给定的精度生成拟合这些点的光滑样条曲线。用（　　）方式拟合一批点，生成的样条曲线品质比较好，适用于数据点比较多且排列不规则的情况。

10. 直纹面：直纹面是由一根（　　）线两端点分别在（　　）曲线上匀速运动而形成的轨迹曲面。直纹面生成有 3 种方式：（　　）+ 曲线、（　　）+ 曲线和曲线 +（　　）。

曲线 + 曲线是指在（　　）条自由曲线之间生成直纹面。

点＋曲线是指在(　　)个点和(　　)条曲线之间生成直纹面。

曲线＋曲面是指在一条(　　)和一个(　　)之间生成直纹面。

11.面裁剪:剪刀曲面和被裁剪曲面求交,用求得的(　　)作为剪刀线来裁剪曲面。

12.曲面过渡就是用截面是(　　)的曲面将两曲面光滑连接起来。

13.三面过渡:在三曲面之间对(　　)曲面进行过渡处理,并用一个(　　)面将所得的三个过渡面连接起来。若两两曲面之间的3个过渡半径相等,称为三面(　　)半径过渡;若两两曲面之间的3个过渡半径不相等,称为三面(　　)半径过渡。

学习活动2　鼠标加工

1.等高线粗加工"加工参数"中:

(1)加工方向。(　　)和(　　)。

(2)加工顺序。(　　)铣和(　　)铣。

(3)进行策略。(　　)优先和(　　)优先。

2.如图3.2所示,刀具中心分别位于加工边界的:a(　　)、b(　　)、c(　　)。

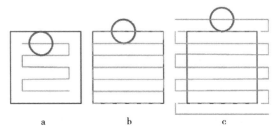

图3.2　刀具中心位置

3.工件边界:选择使用后以(　　)本身为边界。

(1)工件边界定义:

工件的轮廓。(　　)位于工件轮廓上。

工件底端的轮廓。(　　)位于工件底端轮廓。

刀触点和工件确定的轮廓。(　　)位于轮廓上。

4.连接方式参数。

(1)接近/返回:从设定的高度接近(　　)和从(　　)返回到设定高度。选择"加下刀"后可以加入所选定的下刀方式。

(2)行间连接:每行(　　)间的连接。

(3)层间连接:每层(　　)间的连接。

(4)区域间连接:两个区域间的(　　)连接。

5. 曲面区域精加工参数中的"走刀方式"为：

平行加工。输入与(　　　)轴的夹角。

环切加工。选择从里向(　　　)还是从外向(　　　)。

学习活动 3　工作总结与评价

学习目标：

1. 能按分组情况，分别派代表展示工作成果，说明本次任务的完成情况，并分析总结。
2. 能结合自身任务完成情况，正确规范地撰写工作总结(心得体会)。
3. 能就本次任务中出现的问题，提出改进措施。
4. 能对学习与工作进行反思总结，并能与他人开展良好的合作，进行有效的沟通。
5. 能按要求正确规范地完成本次学习活动工作页的填写。

学习过程：

1. 小组讨论：探索鼠标的实体造型？

2. 实体造型的加工方法与曲面造型的加工方法有什么区别？

3. 教师评价。

(1)找出各组的优点进行点评。

(2)对任务完成过程中各组的缺点进行点评，提出改进方法。

(3)对整个任务完成中出现的亮点和不足进行点评。

评价与分板：

任务评价表

班级 _____ 学生姓名 _____ 学号 _____

项目 \ 评价 分值 权重	自我评价 占总评10%			小组评价 占总评20%			教师评价 占总评70%		
	9~10	6~8	1~5	9~10	6~8	1~5	9~10	6~8	1~5
学习活动1									
学习活动2									
学习活动3									
表达能力									
协作精神									
纪律观念									
工作态度									
任务总体表现									
小计分									
总评分									

任课教师：　　　　　　　　　　年　　月　　日

项目 4

五角星造型与加工

学习目标:

1. 掌握曲线绘制中"多边形"的操作。
2. 掌握曲面生成栏中"直纹面""扫描面""裁剪平面"的操作。
3. 掌握几何变换栏中"旋转"的操作。
4. 掌握特征生成栏中"曲面裁剪"除料。
5. 掌握"投影线加工"方法。

建议学时:12 学时。

工作情境描述:

    某企业定制一批"五角星"标牌,数量为 30 件,生产主管部门将生产任务交给车间,交货期 7 天,来料加工。现车间安排车工组完成此车削任务。五角星是由斜平面组成,应用 CAXA 制造工程师完成加工轨迹的生成。

工作流程与活动:

    1. 绘制五角星的框架。

2. 五角星的曲面生成。

3. 生成五角星实体。

4. 等高线粗加工"五角星"实体。

5. 投影线精加工"五角星"实体。

学习活动 1　绘制五角星的框架

1. 比较以"中心"方式绘制多边形时,"内接"与"外切"方式的不同。如图4.1所示。

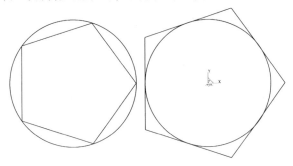

图4.1　"内接"与"外切"

2. 在"直线"参数中"连续"是指:每段直线段相互(　　　),前一段直线段的(　　　)点为下一段直线段的(　　　)点。

3. 使用"删除"时,用鼠标(　　　)键拾取对象,被拾取的对象变为(　　　)色,单击鼠标(　　　)键确认。

学习活动 2　五角星的曲面生成

1. 直纹面生成方式为"曲线 + 曲线"时,在拾取曲线时应注意拾取点的位置,应拾取曲线的(　　　)对应位置;否则将使两曲线的方向相反,生成的直纹面发生(　　　)。如图4.2所示。

图4.2　直纹面

图4.3　阵列参数

2. 在"平面旋转"立即菜单中选择"复制"方式,份数"　　",角度"　　"。

3. 用"阵列"方式完成五角星的绘制。阵列参数如图4.3所示。

4. 裁剪平面:由封闭内轮廓进行裁剪形成的有一个或者多个边界的平面。封闭内轮廓可以有(　　)个。如图4.4所示。

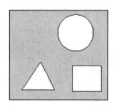

图 4.4　封闭内轮廓　　　　　　　　　　　图 4.5　裁剪平面

5. 当点击裁剪平面时,内部边界是一个(　　)形状。如图4.5所示。

学习活动 3　生成五角星实体

1. 单击特征工具栏上的拉伸增料  按钮,在拉伸对话框中选择双向拉伸选项,如图4.6所示。

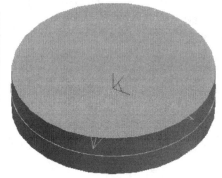

图 4.6　拉伸增料

双向拉伸:是指以(　　)为中心,向(　　)的两个方向进行拉伸,深度值以草图为中心平分。

2. 曲面裁剪:用生成的(　　)对实体进行修剪,去掉不需要的部分。本例中共拾取到(　　)张用于裁剪的曲面。如图4.7所示。

3. 裁剪曲面:是指对实体进行裁剪的(　　),参与裁剪的曲面可以是(　　)边界相连的曲面。

4. "隐藏"是使画面中的一些线和面(　　)。如图4.8所示。

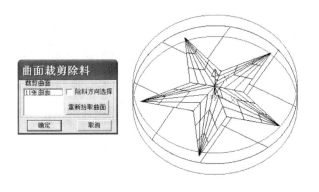

图 4.7 裁剪曲面

图 4.8 隐藏线和面

学习活动 4 等高线粗加工"五角星"实体

1.将毛坯高度改为( )，有利于五角星顶部的加工轨迹生成。如图4.9所示。

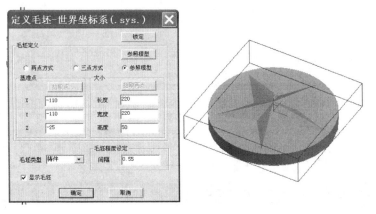

图 4.9 定义毛坯

2."相关线" 可绘制曲面或实体的( )线、( )线、( )线、法线、( )线和实体边界。如图 4.10 所示。

3."等高线粗加工"的加工参数如图 4.11 所示。

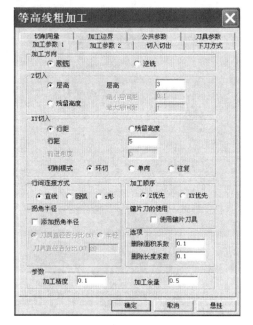

图 4.10　相关线　　　　　图 4.11　等高线粗加工参数

切削模式为：

（1）单向。刀具以单一的顺铣或逆铣方式加工工件。

（2）往复。刀具以顺逆混合方式加工工件。如图 4.12 中的（　　）图。

（3）环切加工。刀具以环状走刀方式切削工件。可选择从里向外还是从外向里的方式，如图 4.12 中的（　　）图。

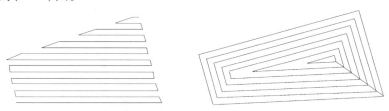

图 4.12　走刀方式

学习活动 5　投影线精加工"五角星"实体

1."直纹面"中"点＋曲线"生成的平面的参数方向是（　　），如图 4.13 所示。

2."参数线精加工"的加工参数如图 4.14 所示。

（1）残留高度：切削行间残留量距加工曲面的（　　　）距离。

（2）刀次：切削行的（　　　）。

（3）行距：相邻切削（　　　）的间隔。

3."投影线精加工"："拾取刀具轨迹"，拾取（　　　）精加工轨迹线；"拾取加工对象"，拾取（　　　）实体。

4.生成的"投影线精加工"轨迹线如图4.15所示。走向是由（　　　）到（　　　）。

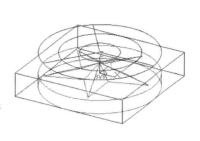

图4.13　直纹面的参数方向

图4.14　参数线精加工参数

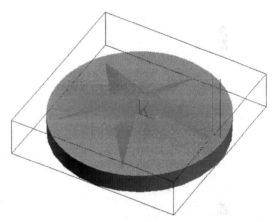

图4.15　投影线精加工轨迹

学习活动6　工作总结与评价

学习目标：

1.能按分组情况，分别派代表展示工作成果，说明本次任务的完成情况，并分析总结。

2.能结合自身任务的完成情况，正确规范地撰写工作总结（心得体会）。

3.能就本次任务中出现的问题，提出改进措施。

4.能对学习与工作进行反思总结，并能与他人开展良好的合作，进行有效的沟通。

5.能按要求正确规范地完成本次学习活动工作页的填写。

学习过程：

1. 小组讨论：选用"投影线精加工"的目的？

2. 教师评价。

（1）找出各组的优点进行点评。

（2）对任务完成过程中各组的缺点进行点评，提出改进方法。

（3）对整个任务完成中出现的亮点和不足进行点评。

评价与分板：

任务评价表

班级 _____ 学生姓名 _____ 学号 _____

项目\评价分值权重	自我评价 占总评10%			小组评价 占总评20%			教师评价 占总评70%		
	9~10	6~8	1~5	9~10	6~8	1~5	9~10	6~8	1~5
学习活动1									
学习活动2									
学习活动3									
学习活动4									
学习活动5									
学习活动6									
表达能力									
协作精神									
纪律观念									
工作态度									
任务总体表现									
小计分									
总评分									

任课教师： 年 月 日

项目 5

连杆造型与加工

学习目标:

1.掌握草图基准面的选择。
2.掌握"旋转除料"的操作。
3.掌握曲线生成工具栏的"相关线"的操作。
4.掌握特征生成栏中"拉伸"除料。
5.掌握特征工具栏的"实体过渡"。

建议学时:12 学时。

工作情境描述:

某企业定制一批连杆模具,数量为 300 件,生产主管部门将生产任务交给车间,交货期 7 天,来料加工。现车间安排车工组完成此车削任务。连杆是由曲面组成,应用 CAXA 制造工程师完成加工轨迹的生成。

工作流程与活动:

1.绘制连杆实体造型。(4 学时)

2. 学习数控加工的基本知识,等高线粗、精加工方法。(4 学时)

3. 掌握数控加工的基本知识,练习加工刀具路径和数控程序的生成过程,初步学习利用 CAXA 进行数控铣削加工的方法。(2 学时)

4. 总结评价。(2 学时)

学习活动 1　连杆实体造型

1. CAXA 制造工程师提供 6 种绘制圆弧的方法,如图 5.1 所示。

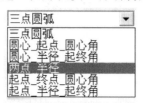

图 5.1　圆弧绘制方式　　　　　　图 5.2　等距线的方向

(1)三点圆弧:过三点画圆弧,其中第一点为(　　)点,第三点为(　　)点,第二点决定圆弧的(　　)和(　　)。

(2)圆心_起点_圆心角:已知圆心、起点及圆心角或(　　)画圆弧。

(3)圆心_半径_起终角:由圆心、半径和(　　)画圆弧。

(4)两点_半径:已知两点及圆弧(　　)画圆弧。

(5)起点_终点_圆心角:已知起点、终点和(　　)画圆弧。

(6)起点_半径_起终角:由起点、半径和(　　)画圆弧。

(7)等距线:绘制给定曲线的等距线,用鼠标单击带方向的(　　)可以确定等距线位置,如图 5.2 所示。

(8)变等距:按照给定的起始和终止(　　),作沿给定方向变化距离的曲线的变等距线。

2. 旋转除料:通过围绕一条空间直线旋转一个或多个封闭轮廓,移除生成一个特征。共有 3 种方式,如图 5.3 所示。

(1)单向旋转:是指按照给定的(　　)数值进行单向的旋转。

(2)对称旋转:是指以(　　)为中心,向相反的两个方向进行旋转,角度值以(　　)为中心平分。

(3)双向旋转:是指以(　　)为起点,向两个方向进行旋转,角度值分别输入。

3. 拉伸除料的拉伸类型包括:"固定深度""双向拉伸""拉伸到面"和"贯穿",如图 5.4 所示。

(1)固定深度:是指按照给定的深度数值进行(　　)向的拉伸。

图5.3　旋转除料方式

图5.4　拉伸除料方式

（2）双向拉伸：是指以（　　　）为中心，向相反的两个方向进行拉伸，深度值以（　　　）为中心平分。

（3）贯穿：是指草图拉伸后，将基体整个（　　　）。

（4）拉伸到面：是指拉伸位置以（　　　）为结束点进行拉伸，需要选择要拉伸的草图和拉伸到的曲面。

4.过渡是指以给定半径或半径规律在实体间作光滑过渡。过渡方式有两种：（　　　）半径和（　　　）半径。结束方式有3种：缺省方式、保边方式和保面方式。

（1）缺省方式：是指以系统默认的保边或保面方式进行过渡。

（2）保边方式：是指（　　　）过渡。

（3）保面方式：是指（　　　）过渡。

（4）线性变化：是指在变半径过渡时，过渡边界为（　　　）线。

（5）光滑变化：是指在变半径过渡时，过渡边界为光滑的（　　　）线。

（6）沿切面顺延：是指在相切的几个表面的边界上，拾取一条边时，可以将边界（　　　）过渡。

5.曲线投影。投影线定义：指定一条曲线沿某一方向向一个作实体的基准平面投影，得到曲线在该基准平面上的（　　　）线。利用这个功能可以充分利用已有的曲线来作草图平面里的草图线。

学习活动2　连杆实体的粗、精加工方法

1.干涉检查。在切削被加工表面时，如果刀具切到了不应该切的部分，则称为出现（　　　）现象，或者叫作过切。

干涉分为以下两种情况：

（1）自身干涉。是指被加工表面中存在刀具切削不到的部分时，存在的（　　　）现象。如图5.5所示。

（2）面间干涉。是指在加工一个或一系列表面时，可能会对其他表面产生（　　　）的现

象。如图 5.6 所示。

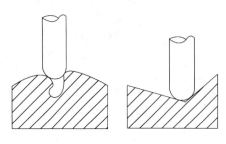

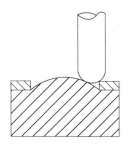

图 5.5　自身干涉　　　　　　　　　　　　图 5.6　面间干涉

2. 公共参数如图 5.7 所示。

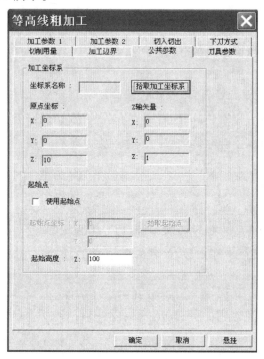

图 5.7　公共参数

(1)加工坐标系。

坐标系名称:刀路的加工坐标系的名称。

拾取加工坐标系:用户可以在(　　)上拾取加工坐标系。

原点坐标:显示加工坐标系的(　　)值。

Z 轴矢量:显示加工坐标系的 Z 轴(　　)值。

(2)起始点。

使用起始点:决定刀路是否从起始点出发并回到起始点。

起始点坐标:显示起始点(　　)信息。

拾取起始点:用户可以在屏幕上拾取点作为刀路的(　　)点。

3. 平面区域精加工。

（1）轮廓：轮廓是一系列首尾相接曲线的集合，如图 5.8 所示。

开轮廓　　　　　　闭轮廓　　　　　　有自交点的轮廓

图 5.8　轮廓示例

（2）区域和岛。区域指由一个闭合轮廓围成的内部空间，其内部可以有"岛"，岛也是由（　　　）轮廓界定的。

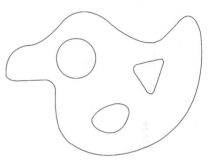

区域指外轮廓和岛之间的部分。由外轮廓和岛共同指定待加工的区域，外轮廓用来界定加工区域的外部边界，岛用来屏蔽其内部不需（　　　）或需（　　　）的部分。标出图 5.9 中的外轮廓、区域和岛。

（3）清根参数如图 5.10 所示。

图 5.9　区域和岛

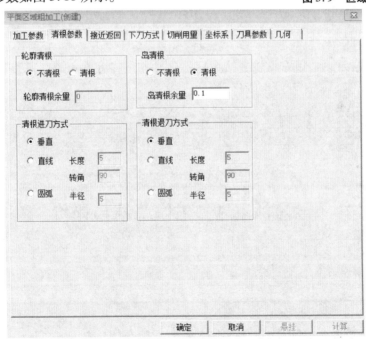

图 5.10　清根参数

①轮廓清根：延轮廓线清根。轮廓清根余量是指清根（　　　）所剩的量。

②岛清根：延岛曲线清根。岛清根余量是指清根（　　　）所剩的量。

③清根进退刀方式：分为垂直、直线、圆弧 3 种。

学习活动 3   生成连杆实体的粗、精加工轨迹线

轨迹连接。就是把两条不相干的刀具轨迹（　　）成一条刀具轨迹。按照操作软件的提示要求拾取刀具轨迹。轨迹连接的方式有两种选择,如图 5.11 所示。

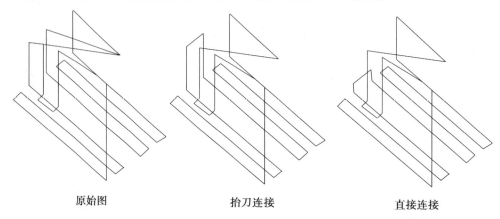

原始图　　　　　　　　　　抬刀连接　　　　　　　　　　直接连接

图 5.11　轨迹连接

（1）抬刀连接:第一条刀具轨迹结束后,首先抬刀,然后再和第二条刀具轨迹的接近轨迹连接。其余的刀具轨迹不发生变化。

（2）直接连接:第一条刀具轨迹结束后,不抬刀就和第二条刀具轨迹的接近轨迹连接。其余的刀具轨迹不发生变化。因为不抬刀,很容易发生过切。

学习活动 4   工作总结与评价

学习目标:

1. 能按分组情况,分别派代表展示工作成果,说明本次任务的完成情况,并分析总结。

2. 能结合自身任务完成情况,正确规范地撰写工作总结(心得体会)。

3. 能就本次任务中出现的问题,提出改进措施。

4. 能对学习与工作进行反思、总结,并能与他人开展良好的合作,进行有效的沟通。

5. 能按要求正确规范地完成本次学习活动工作页的填写。

学习过程:

1. 小组讨论:探索连杆的种类和用途。

2. 探索连杆托板平面的加工方法。

3. 教师评价。
(1) 找出各组的优点进行点评。
(2) 对任务完成过程中各组的缺点进行点评,提出改进方法。
(3) 对整个任务完成中出现的亮点和不足进行点评。

评价与分板:

任务评价表

班级 ＿＿＿＿＿ 学生姓名 ＿＿＿＿＿ 学号 ＿＿＿＿＿

评价 / 分值 / 权重 项目	自我评价			小组评价			教师评价		
	9～10	6～8	1～5	9～10	6～8	1～5	9～10	6～8	1～5
	占总评10%			占总评20%			占总评70%		
学习活动1									
学习活动2									
学习活动3									
学习活动4									
表达能力									
协作精神									
纪律观念									
工作态度									
任务总体表现									
小计分									
总评分									

任课教师: ＿＿＿＿＿＿ 年 月 日

项目 6

磨擦楔块锻模造型与加工

学习目标:

1. 掌握直线绘制中"角度线""等距线"的操作。
2. 掌握几何变换工具栏中的"平移"操作。
3. 掌握曲面编辑栏中"曲面裁剪""曲面过渡"的操作。
4. 掌握特征工具条中的"构造基准面"◇操作方法。
5. 掌握特征生成工具条中的放样增料操作。
6. 掌握"布尔运算"的操作过程。
7. 掌握"扫描线精加工"的方法。

建议学时:12 学时。

工作情境描述:

某企业定制一批磨擦楔块锻模造,数量为 30 件,生产主管部门将生产任务交给车间,交货期 7 天,来料加工。现车间安排车工组完成此车削任务。磨擦楔块锻模造型复杂,应用 CAXA 制造工程师完成加工轨迹的生成。

工作流程与活动：

1. 磨擦楔块锻模主体造型。（4学时）
2. 制作"布尔运算"实体模型。（4学时）
3. 学习数控加工的基本知识、扫描线精加工方法。（1学时）
4. 掌握数控加工的基本知识，练习加工刀具路径和数控程序的生成过程，初步学习利用CAXA进行数控铣削加工的方法。（1学时）
5. 总结评价。（2学时）

学习活动1　磨擦楔块锻模造主体造型

1. 几何变换中的"平移"：对拾取的曲线或曲面进行平移或复制。平移有两种方式：两点或偏移量。偏移量方式就是给出在（　　　）三轴上的偏移量，来实现曲线或曲面的平移或复制，如图6.1所示。

2. 直线是图形构成的基本要素。直线功能提供了两点线、平行线、角度线、切线/法线、角等分线和水平/铅垂线6种方式，如图6.2所示。

（1）平行线：按给定距离或通过给定的已知点绘制与已知线段平行、且长度相等的（　　　）线段，如图6.3所示。

（2）角度线：生成与坐标轴或一条直线成一定（　　　）的直线。

图6.1　平移的偏移量方式

（3）切线/法线：过给定点作已知曲线的切线或法线。标出图6.4中曲线的切线、法线。

图6.2　直线的6种方式

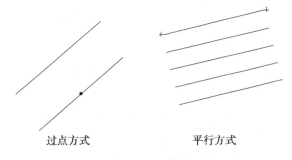

图6.3　平行线方式

3. 构造基准面。基准平面是草图和实体赖以生存的平面。在CAXA制造工程师中，一共提供了"等距平面确定基准平面"；"过直线与平面成夹角确定基准平面"；"生成曲面上某点的切平面"；"过点且垂直于曲线确定基准平面"；"过点且平行于平面确定基准平面"；"过点和直线确定基准平面"和"三点确定基准平面"等( )种构造基准平面的方式,如图6.5所示。

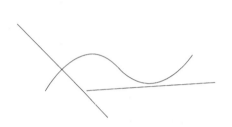

图6.4 切线/法线示例　　　　图6.5 构造基准面

4.放样除料:根据多个截面线轮廓移出一个实体。截面线应为( )轮廓。

学习活动 2　制作"布尔运算"实体模型

1.布尔运算:将另一个实体并入,与当前零件实现交、并、差的运算,如图6.6所示。

当前零件∪输入零件:是指当前零件与输入零件的( )集。

当前零件∩输入零件:是指当前零件与输入零件的( )集。

当前零件－输入零件:是指当前零件与输入零件的( )。

定位方式,用来确定输入零件的具体位置,包括以下两种方式:

图6.6 布尔运算

(1)拾取定位的 X 轴。是指以空间直线作为输入零件自身坐标架的( )轴(坐标原点为拾取的定位点),旋转角度是用来对 X 轴进行旋转以确定 X 轴的具体位置。

(2)给定旋转角度。是指以拾取的定位点为坐标原点,用给定的两角度来确定输入零件的自身坐标架的 X 轴,包括角度一和角度二。

角度一。其值为 X 轴与当前世界坐标系的 X 轴的( )角。

角度二。其值为 X 轴与当前世界坐标系的 Z 轴的(　　　)角。

反向。是指将输入零件自身坐标系的 X 轴的方向(　　　)向,然后重新构造坐标系进行布尔运算。

2. 布尔运算输入文件类型如图 6.7 所示,文件类型选择(　　　　　)。

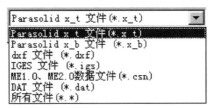

图 6.7　布尔运算文件类型的选择

学习活动 3　扫描线精加工方法

扫描线精加工:生成沿参数线加工轨迹。

扫描线精加工参数如图 6.8 所示。

图 6.8　扫描线精加工的加工参数设置

(1)走刀方式。

单向:生成(　　　)向的轨迹。

往复:生成(　　　)的轨迹。

向上:生成向上的扫描线精加工轨迹。

向下:生成向下的扫描线精加工轨迹。

(2)加工开始角位置:在加工开始时从那个角开始加工。

（3）加工方向。

加工方向设定有以下 3 种选择：

顺铣。生成顺铣的轨迹。

逆铣。生成逆铣的轨迹。

（4）行距。

行距：XY 方向的相邻扫描行的距离。

XY 平面内加工角度：扫描线轨迹的进行角度。

（5）步距。

最大步距：两个刀位点之间的最（　　　）距离。

最小步距：两个刀位点之间的最（　　　）距离。

裁减刀刃长度：裁减小于刀具直径百分比的轨迹。

自适应：自动内部计算适应的行距。

（6）精度和余量。

加工精度：输入模型的加工精度。计算模型的加工轨迹的误差小于此值。加工精度越大，模型形状的误差也增大，模型表面越（　　　）。加工精度越小，模型形状的误差也减小，模型表面越（　　　），但是，轨迹段的数目增多，轨迹数据量变大。如图 6.9 所示。

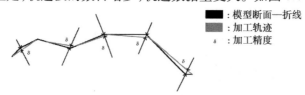

图 6.9　加工精度定义

加工余量：

输入相对加工区域的残余量。也可以输入（　　　）值。加工余量的含义如图 6.10 所示。

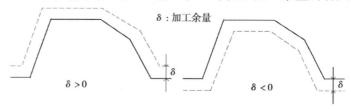

图 6.10　加工余量定义

学习活动 4　机床通信

机床通信：通过串口线缆，用编程助手完成计算机与（　　　）之间的程序或参数传输。

1. 发送代码：用编程助手将程序代码传输到相应的设备上。

（1）用串口传输线缆将 PC 的串口（IOIO 口）与 NC 的 RS232 接口连接起来。

（2）将通信参数设置正确。

（3）将 PC 端设置为接收状态。

（4）在 NC 上选择需要发送的程序代码，然后发送。

2.接收代码：将设备内存里的程序或参数传输到计算机上。

（1）用串口传输线缆将 PC 的串口（IOIO 口）与 NC 的 RS232 接口连接起来。

（2）将通信参数设置正确。

（3）将 PC 端设置为接收状态。

（4）在 NC 上选择需要发送的程序代码，然后发送。

学习活动 5　工作总结与评价

学习目标：

1.能按分组情况，分别派代表展示工作成果，说明本次任务的完成情况，并分析总结。

2.能结合自身任务完成的情况，正确规范地撰写工作总结（心得体会）。

3.能就本次任务中出现的问题，提出改进措施。

4.能对学习与工作进行反思总结，并能与他人开展良好的合作，进行有效的沟通。

5.能按要求正确规范地完成本次学习活动工作页的填写。

学习过程：

1.小组讨论：布尔运算的过程。

2.保存文件类型及各种类型的用途，如图 6.11 所示。

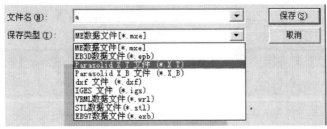

图 6.11　保存文件类型

3. 教师评价。

（1）找出各组的优点进行点评。

（2）对任务完成过程中各组的缺点进行点评，提出改进方法。

（3）对整个任务完成中出现的亮点和不足进行点评。

评价与分板：

任务评价表

班级 _____ 学生姓名 _____ 学号 _____

评价 分值 权重 项目	自我评价			小组评价			教师评价		
	9~10	6~8	1~5	9~10	6~8	1~5	9~10	6~8	1~5
	占总评10%			占总评20%			占总评70%		
学习活动1									
学习活动2									
学习活动3									
学习活动4									
学习活动5									
表达能力									
协作精神									
纪律观念									
工作态度									
任务总体表现									
小计分									
总评分									

任课教师： 年 月 日

项目 7

可乐瓶底的造型和加工

学习目标：

1. 掌握几何变换工具栏中的"阵列"操作。
2. 掌握曲面生成栏中"网格面"的操作。
3. 掌握"拾取过滤器"对话框的操作。
4. 掌握"显示变换栏"的操作。
5. 掌握"参数线精加工"的方法。

建议学时：12 学时。

工作情境描述：

　　某企业定制一批可乐瓶模具，数量为 30 件，生产主管部门将生产任务交给车间，交货期 7 天，来料加工。现车间安排车工组完成此车削任务。可乐瓶模具造型复杂，应用 CAXA 制造工程师完成加工轨迹的生成。

工作流程与活动：

　　1. 可乐瓶曲面造型。（4 学时）

2. 制作可乐瓶模具实体模型。(4 学时)
3. 学习数控加工的基本知识、参数线精加工加工方法。(2 学时)
4. 总结评价。(2 学时)

学习活动 1　可乐瓶曲面造型

1. 将绘图平面切换到 *XOZ* 面内按(　　)键。

2. 阵列:对拾取到的曲线或曲面,按圆形或矩形方式进行阵列复制。

圆形阵列:对拾取到的曲线或曲面,按圆形方式进行阵列复制,如图 7.1 所示。

(1)单击按钮,在立即菜单中选取"圆形","夹角"或"均布"。若选择"夹角",给出邻角和填角值,若选择"均布",给出份数为(　　)。

(2)拾取需要阵列的元素,按右键确认,输入中心点,阵列完成。

图 7.1　阵列快捷菜单

3. 网格面。

网格面是以网格(　　)为骨架,蒙上自由曲面生成的曲面称为网格曲面。网格曲线是由特征线组成横竖相交线。

(1)网格面的生成思路:首先构造曲面的特征(　　)线,确定曲面的初始骨架形状。然后用自由曲面插值特征网格线生成曲面。

(2)特征网格线可以是曲面边界线或曲面截面线等。由于一组截面线只能反映一个方向的变化趋势,还可以引入另一组截面线来限定另一个方向的变化,这就形成一个网格骨架,可控制(　　)方向(U 和 V 两个方向)的变化趋势,如图 7.2 所示。

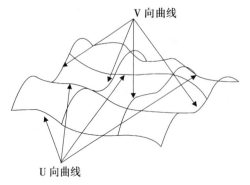

图 7.2　网格面示意图

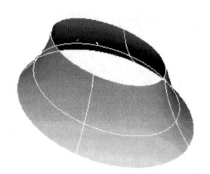

图 7.3　封闭的网格面

（3）可以生成封闭的网格面。注意,此时拾取 U 向、V 向的曲线必须从靠近曲线(   )点的位置拾取,否则封闭网格面失败,如图 7.3 所示。

4.生成"网格面"时的注意事项。

（1）每一组曲线都必须按其方位顺序拾取,而且曲线的方向必须保持(   )。曲线的方向与放样面功能中一样,由拾取点的位置来确定曲线的起点。

（2）拾取的每条 U 向曲线与所有 V 向曲线都必须有(   )点。

（3）拾取的曲线应当是(   )曲线。

（4）对特征网格线有以下要求:网格曲线组成网状四边形网格,规则四边网格与不规则四边网格均可。插值区域是 4 条边界曲线围成的,如图 7.4 所示。不允许有三边域、五边域和多边域,如图 7.5 所示。

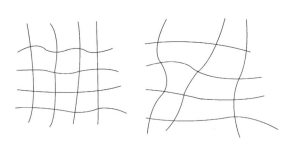

图 7.4 规则四边网格与不规则四边网格　　　　7.5 三边域、五边域和多边域

学习活动 2　制作可乐瓶模具实体造型

拾取过滤设置:设置拾取过滤和导航过滤的图形元素的类型,如图 7.6 所示。

图 7.6 拾取过滤设置对话框

拾取过滤是指光标能够拾取到屏幕上的图形元素,拾取到的图形元素被(　　　)显示;导航过滤是指光标移动到要拾取的图形元素附近时,图形能够(　　　)显示。

如果要修改图形元素的类型、拾取时的导航加亮设置和图形元素的颜色,只要直接(　　　)复选框即可。对于图形元素的类型和图形元素的颜色,可以(　　　)下方的"选择所有"和"清除所有"按钮即可。

学习活动 3　可乐瓶凹模加工

1. 用"等高线粗加工"生成可乐瓶凹模的粗加工轨迹。

2. 用"参数线精加工"生成可乐瓶凹模的精加工轨迹。

3. 用"投影线精加工"生成可乐瓶凹模的精加工轨迹。

学习活动 4　工作总结与评价

学习目标:

1. 能按分组情况,分别派代表展示工作成果,说明本次任务的完成情况,并分析总结。
2. 能结合自身任务完成情况,正确规范地撰写工作总结(心得体会)。
3. 能就本次任务中出现的问题,提出改进措施。

4.能对学习与工作进行反思总结,并能与他人开展良好的合作,进行有效的沟通。

5.能按要求正确规范地完成本次学习活动工作页的填写。

学习过程:

1.小组讨论:比较"参数线精加工"和"投影线精加工"所生成的精加工轨迹线。

2.教师评价。

(1)找出各组的优点进行点评。

(2)对任务完成过程中各组的缺点进行点评,提出改进方法。

(3)对整个任务完成中出现的亮点和不足进行点评。

评价与分板:

任务评价表

班级 _____　学生姓名 _____　学号 _____

项目 \ 评价 分值 权重	自我评价 占总评10%			小组评价 占总评20%			教师评价 占总评70%		
	9~10	6~8	1~5	9~10	6~8	1~5	9~10	6~8	1~5
学习活动1									
学习活动2									
学习活动3									
学习活动4									
表达能力									
协作精神									
纪律观念									
工作态度									
任务总体表现									
小计分									
总评分									

任课教师:　　　　　　　　　　　年　　月　　日

项 目 8

吊耳的造型与加工

学习目标:

1. 掌握曲线生成栏中的"点"操作。
2. 掌握特征生成栏中"放样增料"的操作。

建议学时:12 学时。

工作情境描述:

　　某企业定制一批吊耳模具,数量为 30 件,生产主管部门将生产任务交给车间,交货期 7 天,来料加工。现车间安排车工组完成此车削任务。吊耳模具造型复杂,应用 CAXA 制造工程师完成加工轨迹的生成。

工作流程与活动:

1. 放样截面的生成。(4 学时)
2. 利用放样截面生成实体。(4 学时)
3. 学习数控加工的基本知识、参数线精加工方法。(2 学时)
4. 总结评价。(2 学时)

学习活动1 放样截面的生成

1.“点”绘制时分为:( )点和( )点。

2.单个点:包括( )点、( )线投影交点、( )面上投影点和曲线曲面交点等,如图8.1所示。

(1)工具点:利用( )工具菜单生成单个点。此时不能利用切点和垂足点生成单个点。

(2)曲线投影交点:对于两条不相交的空间曲线,如果它们在当前平面的投影有交点,则在( )拾取的直线上生成该投影交点。

图8.1 单个点的选择

(3)曲面上投影点:对于一个给定位置的点,通过矢量工具菜单给定一个投影方向,可以在一张( )上得到一个投影点。

(4)曲线曲面交点:可以求一条曲线和一张曲面的( )点。

学习活动2 利用放样截面生成实体

1.放样增料:根据多个截面线轮廓生成一个实体。截面线应为草图轮廓。放样增料对话框如图8.2所示。

2.轮廓:是指对需要放样的( )。

3.上和下:是指调节拾取( )的顺序。

图8.2 放样增料对话框

学习活动 3　生成"等高线粗、精加工"轨迹线

两点方式定义毛坯:通过拾取毛坯的两个(　　　)点(与顺序,位置无关)来定义毛坯。

学习活动 4　工作总结与评价

学习目标:

1.能按分组情况,分别派代表展示工作成果,说明本次任务的完成情况,并分析总结。
2.能结合自身任务完成情况,正确规范地撰写工作总结(心得体会)。
3.能就本次任务中出现的问题,提出改进措施。
4.能对学习与工作进行反思总结,并能与他人开展良好的合作,进行有效的沟通。
5.能按要求正确规范地完成本次学习活动工作页的填写。

学习过程:

1.小组讨论:吊耳实体造型为何选用多个截面的放样增料。

2.教师评价。
(1)找出各组的优点进行点评。
(2)对任务完成过程中各组的缺点进行点评,提出改进方法。
(3)对整个任务完成中出现的亮点和不足进行点评。

评价与分板：

任务评价表

班级 _____ 学生姓名 _____ 学号 _____

项目 评价 分值 权重	自我评价			小组评价			教师评价		
	9~10	6~8	1~5	9~10	6~8	1~5	9~10	6~8	1~5
	占总评 10%			占总评 20%			占总评 70%		
学习活动 1									
学习活动 2									
学习活动 3									
学习活动 4									
表达能力									
协作精神									
纪律观念									
工作态度									
任务总体表现									
小计分									
总评分									

任课教师： 年 月 日

项目 9

曲面造型及其曲面导动加工

学习目标：

1. 掌握曲面生成栏工具的操作。
2. 能进行曲面的编辑。
3. 掌握导动加工的操作。

建议学时：12 学时。

工作情境描述：

某企业定制一批手机模具，数量为 30 件，生产主管部门将生产任务交给车间，交货期 7 天，来料加工。现车间安排车工组完成此车削任务。手机模具造型由曲面组成，应用 CAXA 制造工程师完成加工轨迹的生成。

工作流程与活动：

1. 曲面造型。（4 学时）
2. 曲面加工。（4 学时）
3. 总结评价。（4 学时）

学习活动1 曲面造型

1.角度线:生成与坐标轴或一条直线成一定(　　　)的直线。

夹角类型包括与X轴夹角、与Y轴夹角和与直线夹角。

与X轴夹角:所作直线从起点与(　　　)轴正方向之间的夹角。

与Y轴夹角:所作直线从起点与(　　　)轴正方向之间的夹角。

与直线夹角:所作直线从起点与已知(　　　)之间的夹角。

2.旋转面:按给定的起始角度、终止角度将曲线绕一旋转轴旋转而生成的轨迹曲面。

起始角:是指生成曲面的起始位置与母线和旋转轴构成平面的(　　　)角。

终止角:是指生成曲面的终止位置与母线和旋转轴构成平面的(　　　)角。

3.镜像:对拾取到的曲线或曲面以某一条(　　　)为对称轴,进行空间上的对称镜像或对称复制。镜像有(　　　)和(　　　)两种方式。

学习活动2 导动加工

1.轮廓导动精加工参数如图9.1所示。

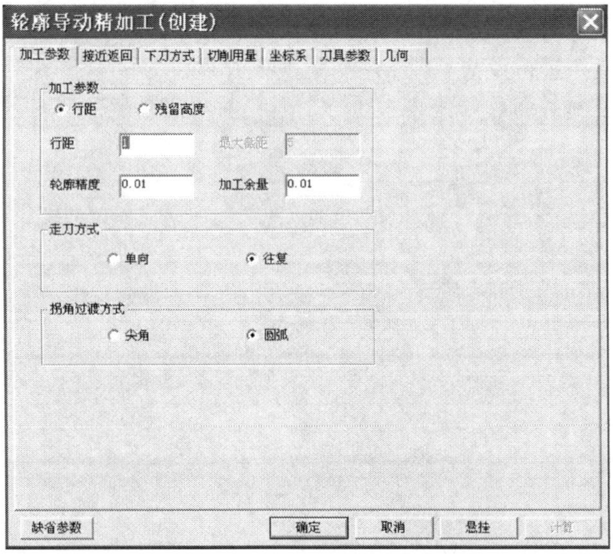

图9.1 轮廓导动精加工参数

轮廓精度:拾取的轮廓有样条时的离散精度。

行距:沿截面线上每一行刀具轨迹间的(　　),按等弧长来分布。

2.具体操作步骤。

(1)填写加工参数表。

刀具轨迹　　　　截面线

轮廓线

(2)拾取(　　)线和加工方向。

(3)确定轮廓线链搜索方向。

(4)拾取截面线和加工方向。

(5)确定截面线链搜索方向并按右键结束拾取。

(6)拾取箭头方向以确定加工(　　)侧或(　　)侧。

图 9.2　导动精加工轨迹

(7)生成刀具轨迹:系统立即生成如图 9.2 所示的刀具轨迹。

学习活动 3　工作总结与评价

学习目标:

1.能按分组情况,分别派代表展示工作成果,说明本次任务的完成情况,并分析总结。

2.能结合自身任务完成情况,正确规范地撰写工作总结(心得体会)。

3.能就本次任务中出现的问题,提出改进措施。

4.能对学习与工作进行反思总结,并能与他人开展良好的合作,进行有效的沟通。

5.能按要求正确规范地完成本次学习活动工作页的填写。

学习过程:

1.小组讨论:导动加工的特点。

2.教师评价。

(1)找出各组的优点进行点评。

(2)对任务完成过程中各组的缺点进行点评,提出改进方法。

(3)对整个任务完成中出现的亮点和不足进行点评。

评价与分析：

任务评价表

班级 _____ 学生姓名 _____ 学号 _____

评价 分值 权重 项目	自我评价			小组评价			教师评价		
	9~10	6~8	1~5	9~10	6~8	1~5	9~10	6~8	1~5
	占总评 10%			占总评 20%			占总评 70%		
学习活动 1									
学习活动 2									
学习活动 3									
表达能力									
协作精神									
纪律观念									
工作态度									
任务总体表现									
小计分									
总评分									

任课教师：　　　　　　　　　　年　月　日

项目 10

香皂的造型与加工

学习目标：

1. 掌握"变半径过渡"操作。
2. 掌握"放样面"的操作。
3. 掌握"文字"造型。
3. 掌握"拉伸除料"中拉伸到面的操作。
4. 掌握"扫描线精加工"的方法。

建议学时：12 学时。

工作情境描述：

某企业定制一批香皂模具，数量为 30 件，生产主管部门将生产任务交给车间，交货期 7 天，来料加工。现车间安排车工组完成此车削任务。香皂模具造型复杂，应用 CAXA 制造工程师完成加工轨迹的生成。

工作流程与活动：

1. 香皂实体的生成。（4 学时）

2.香皂模型的粗、精加工。(4 学时)

3.总结评价。(2 学时)

学习活动 1   香皂的实体造型

1."过渡"中的变半径过渡。

变半径:是指在边或面,以渐变的尺寸值进行过渡,需要分别指定各点的半径。

线性变化:是指在变半径过渡时,过渡边界为(　　　)线。

光滑变化:是指在变半径过渡时,过渡边界为光滑的(　　　)线。

顶点:是指在变半径过渡时,所拾取的边上的顶点。

2."放样面"。以一组互不相交、方向相同、形状相似的特征线(或截面线)为骨架进行形状控制,过这些曲线蒙面生成的曲面称为放样曲面。有截面曲线和曲面边界两种类型。

"截面曲线"的功能:通过一组空间(　　　)线作为截面来生成封闭或者不封闭的曲面。

"曲面边界"的功能:以曲面的(　　　)线和截面曲线做线架,生成的曲面与曲面边界线所在的曲面相切来生成一个新的曲面。

3.文字。在制造工程师中输入文字。

(1)单击"造型"中的"文字";或者直接单击按钮。

(2)指定文字输入点,弹出文字输入对话框,如图 10.1 所示。

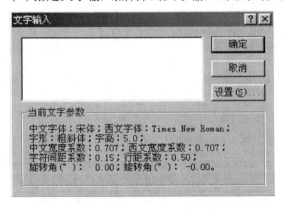

图 10.1   文字输入对话框

图 10.2   字体设置对话框

(3)单击设置按钮,弹出字体设置对话框,如图 10.2 所示,修改设置,单击确定按钮,回到文字输入对话框中,输入文字,单击确定,文字生成。

4.文字排列。排列方式,即设置文字的各种放置方式。分(　　　)向排列、(　　　)向排列、(　　　)排列和(　　　)线排列 4 种方式。

圆弧排列参数,即设置圆弧排列时圆弧的圆心位置、圆弧半径、文字排列的起始角和终止角等。

倾斜与旋转中,水平倾斜角指文字在水平方向的倾斜角度,文字字形倾斜;垂直倾斜角指文字在垂直方向的倾斜角度,文字字形倾斜;旋转角指文字的整体旋转角度。

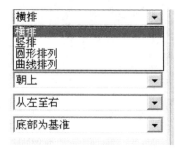

文字默认的排列方式,是自左向右(横排时)或自上向下(竖排时),反向排列有效后,文字自右向左(横排时)或自下向上(竖排时)排列。默认排列,文字上端向上(横排时)或向右(竖排时),文字镜像有效后,文字上端向下(横排时)或向左(竖排时)。默认排列,在进行圆弧排列和沿曲线排列时,文字按设定的间距排列在圆弧和曲线上;"自动匀空"有效后,文字等间距排满圆弧或曲线,设定的文字间距无效。

图 10.3　文字排列对话框

对齐方式,是指文字块中第一个文字和文字基点的相对位置关系,左对齐时,第一个文字左下角位于文字基点;中对齐时第一个文字的底部中心位于文字基点;右对齐时,第一个文字的右下角位于文字基点。

5. 拉伸除料。

(1)拉伸到面:是指拉伸位置以曲面为结束点进行拉伸,需要选择要拉伸的草图和拉伸到的曲面。

(2)在进行"拉伸到面"时,要使草图能够完全投影到这个面上,如果面的范围比草图小,会产生操作失败。深度和反向拉伸不可用。

学习活动 2　香皂模型的粗、精加工

参数线精加工。生成沿参数线加工轨迹。加工参数设置如图 10.4 所示。

操作步骤:

(1)填写参数表。

(2)系统提示"拾取加工对象"。拾取曲面,拾取的曲面参数线方向要一致。按鼠标右键结束拾取。

(3)系统提示"拾取进刀点"。拾取曲面角点。

(4)系统提示"切换方向"。按鼠标左键切换加工方向,按鼠标右键结束。

(5)系统提示"改变取面方向"。拾取要改变方向的曲面,按鼠标右键结束。

(6)系统提示"拾取干涉曲面"。拾取曲面,按鼠标右键结束。

(7)系统提示"正在计算轨迹,请稍候"。

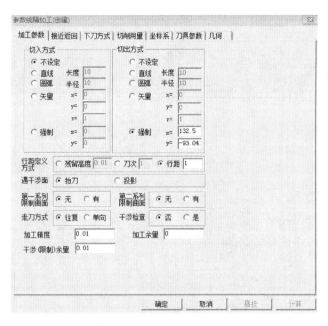

图 10.4　参数线精加工对话框

学习活动 3　工作总结与评价

学习目标：

1. 能按分组情况,分别派代表展示工作成果,说明本次任务的完成情况,并分析总结。
2. 能结合自身任务完成情况,正确规范地撰写工作总结(心得体会)。
3. 能就本次任务中出现的问题,提出改进措施。
4. 能对学习与工作进行反思总结,并能与他人开展良好的合作,进行有效的沟通。
5. 能按要求正确规范地完成本次学习活动工作页的填写。

学习过程：

1. 小组讨论:"雕刻刀"的加工范围。

2. 教师评价。

（1）找出各组的优点进行点评。

（2）对任务完成过程中各组的缺点进行点评，提出改进方法。

（3）对整个任务完成中出现的亮点和不足进行点评。

评价与分板：

任务评价表

班级 _____ 学生姓名 _____ 学号 _____

评价 分值 权重 项目	自我评价			小组评价			教师评价		
	9~10	6~8	1~5	9~10	6~8	1~5	9~10	6~8	1~5
	占总评10%			占总评20%			占总评70%		
学习活动1									
学习活动2									
学习活动3									
表达能力									
协作精神									
纪律观念									
工作态度									
任务总体表现									
小计分									
总评分									

任课教师： 年 月 日

项目 11

四轴加工

学习目标：

1. 掌握"公式曲线"绘制操作。
2. 掌握"四轴柱面曲线加工"操作。

建议学时:6 学时。

工作情境描述：

某企业定制一批矿泉水瓶模具,数量为 30 件,生产主管部门将生产任务交给车间,交货期 7 天,来料加工。现车间安排车工组完成此车削任务。矿泉水瓶模具造型复杂,应用 CAXA 制造工程师完成加工轨迹的生成。

工作流程与活动：

1. 矿泉水瓶波浪曲线的生成。(2 学时)
2. 四轴柱面曲线加工。(2 学时)
3. 总结评价。(2 学时)

学习活动 1　矿泉水瓶波浪曲线绘制

1. 矿泉水瓶波浪曲线的公式如图 11.1 所示。

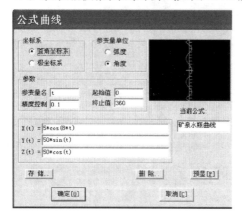

图 11.1　波浪曲线公式

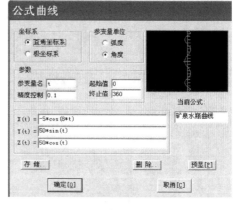

图 11.2　第二条波浪曲线公式

式中:$X(t) = 5 * \cos(8 * t)$

5:表示沿矿泉水瓶柱面上 X 轴余弦曲线的(　　　)。

8:表示沿柱面完整分布(　　　)个周期余弦曲线。

　　$Y(t) = 50 * \sin(t)$

50:表示曲线沿柱面圆的(　　　)径。

2. 矿泉水瓶第二条波浪曲线公式如图 11.2 所示。

式中:$X(t) = -5 * \cos(8 * t)$,负号表示和第一条曲线的 X 值(　　　)。

学习活动 2　四轴柱面曲线加工

1. 四轴柱面曲线加工。根据给定的曲线,生成四轴加工轨迹。多用于回转体上加工槽。铣刀刀轴的方向始终(　　　)于第四轴的旋转轴。

　　四轴柱面曲线加工参数如图 11.3 所示。

(1)旋转轴。

①X 轴:机床的第四轴绕(　　　)轴旋转,生成加工代码时角度地址为 A。

②Y 轴:机床的第四轴绕(　　　)轴旋转,生成加工代码时角度地址为 B。

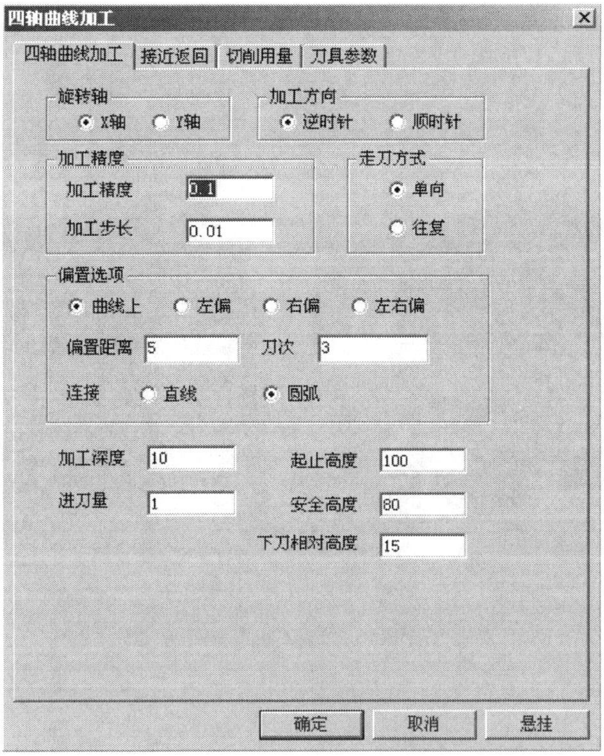

图 11.3 四轴柱面曲线加工参数

（2）加工方向。

生成四轴加工轨迹时，下刀点与拾取曲线的位置有关，在曲线的哪一端拾取，就会在曲线的哪一端点下刀。生成轨迹后如想改变下刀点，则可以不用重新生成轨迹，而只需双击轨迹树中的加工参数，在加工方向中的"顺时针"和"逆时针"二项之间进行（　　　）即可改变下刀点。

（3）加工精度。

①加工误差。输入模型的加工误差。计算模型的轨迹的误差（　　　）于此值。加工误差越大，模型形状的误差也增大，模型表面越（　　　）。加工精度越小，模型形状的误差也减小，模型表面越（　　　），但是，轨迹段的数目增多，轨迹数据量变大。

②加工步长。生成加工轨迹的刀位点沿曲线按（　　　）均匀分布。当曲线的曲率变化较大时，不能保证每一点的加工误差都相同。

（4）走刀方式。

①单向：在刀次大于 1 时，同一层的刀迹轨迹沿着同一方向进行加工，这时，层间轨迹会自动以（　　　）刀方式连接。精加工时为了保证槽宽和加工表面质量，多采用此方式，如图 11.4 左图所示。

②往复：在刀具轨迹层数大于 1 时，层之间的刀迹轨迹方向可以往复进行加工。刀具到达加工终点后，不快速退刀而是与下一层轨迹的最近点之间走一个行间进给，继续沿着原加工方向（　　　）的方向进行加工。加工时为了减少抬刀，提高加工效率多采用此种方式，如图

11.4 右图所示。

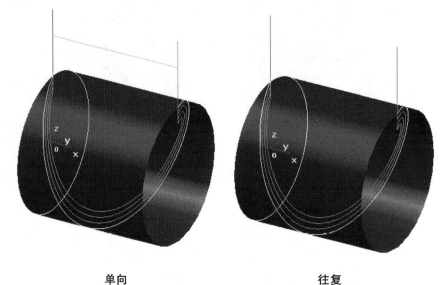

单向　　　　　　　　　　　　　　　往复

图 11.4　走刀方式示例图

（5）偏置选项。

①曲线上。铣刀的中心沿曲线加工,(　　　)进行偏置,如图 11.5 所示。

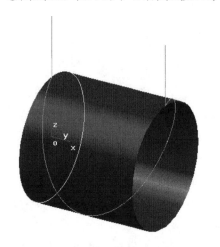
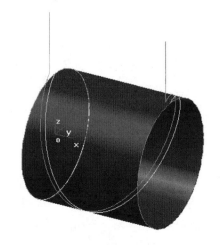

图 11.5　曲线上　　　　　　　　　　　　　图 11.6　左偏

②左偏。向被加工曲线的左边进行偏置。左方向的判断方法与 G41 相同,即刀具加工方向的(　　)边,如图 11.6 所示。

③右偏。向被加工曲线的右边进行偏置。右方向的判断方法与 G42 相同,即刀具加工方向的(　　)边,如图 11.7 所示。

④左右偏。向被加工曲线的(　　　)边和(　　　)边同时进行偏置。如图 11.8 所示为加工方式为"单向",左右偏置时的加工轨迹。

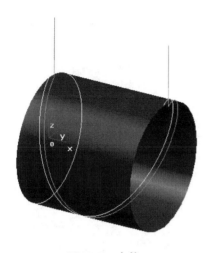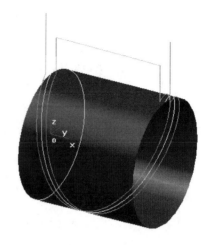

图 11.7　右偏　　　　　　　　　　　　图 11.8　左右偏

⑤偏置距离。偏置的距离请在这里输入数值确定。

⑥刀次。当需要多刀进行加工时,在这里给定刀次。给定刀次后总偏置距离 = 偏置距离×刀次。如图 11.9 所示为偏置距离为 1,刀次为 4 时的单向加工刀具轨迹。

图 11.9　刀次

⑦连接。当刀具轨迹进行左右偏置,并且来用往复方式加工时,二加工轨迹之间的连接提供了两种方式,即直线和圆弧。

加工深度:从曲线当前所在的位置向下所需加工的深度。

进给量:为了达到给定的加工深度,需要在深度方向多次进刀时的每刀进给量。

起止高度:刀具初始位置。起止高度通常大于或等于安全高度。

安全高度:刀具在此高度以上任何位置,均不会碰伤工件和夹具。

下刀相对高度:在切入或切削开始前的一段刀位轨迹的长度,这段轨迹以慢速下刀速度垂直向下进给。

2.生成"G"代码。在如图 11.10 所示的"生成后置代码"对话框中,选择数控系统为(　　　　　　　)。

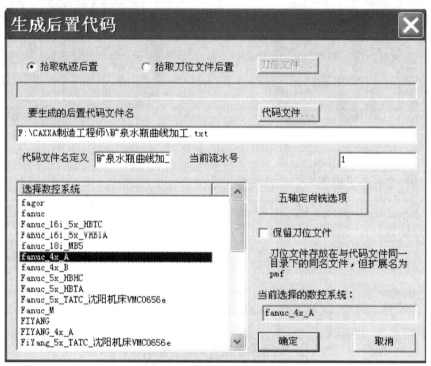

图 11.10 "生成后置代码"对话框

学习活动 3 工作总结与评价

学习目标:

1.能按分组情况,分别派代表展示工作成果,说明本次任务的完成情况,并分析总结。

2.能结合自身任务完成情况,正确规范地撰写工作总结(心得体会)。

3.能就本次任务中出现的问题,提出改进措施。

4.能对学习与工作进行反思总结,并能与他人开展良好的合作,进行有效的沟通。

5.能按要求正确规范地完成本次学习活动工作页的填写。

学习过程：

1. 小组讨论："四轴加工"的加工范围。

2. 教师评价。
(1)找出各组的优点进行点评。
(2)对任务完成过程中各组的缺点进行点评,提出改进方法。
(3)对整个任务完成中出现的亮点和不足进行点评。

评价与分板：

任务评价表

班级 _____ 学生姓名 _____ 学号 _____

评价 分值 权重 项目	自我评价			小组评价			教师评价		
	9~10	6~8	1~5	9~10	6~8	1~5	9~10	6~8	1~5
	占总评10%			占总评20%			占总评70%		
学习活动1									
学习活动2									
学习活动3									
表达能力									
协作精神									
纪律观念									
工作态度									
任务总体表现									
小计分									
总评分									

任课教师： 年 月 日

项目 12

叶轮的造型与加工

学习目标：

1. 掌握空间曲线的绘制操作。
2. 掌握"叶轮粗加工"操作。
3. 掌握"叶轮精加工"操作。

建议学时:6 学时。

工作情境描述：

　　某企业定制一批叶轮,数量为 30 件,生产主管部门将生产任务交给车间,交货期 7 天,来料加工。现车间安排车工组完成此车削任务。叶轮模具造型复杂,应用 CAXA 制造工程师完成加工轨迹的生成。

工作流程与活动：

1. 叶轮造型的生成。(2 学时)
2. 叶轮粗加工。(1 学时)
3. 叶轮精加工。(1 学时)

4. 总结评价。（2 学时）

学习活动 1　叶轮造型

1. 记录叶轮空间曲线坐标点的记事本保存格式为（　　）。
2. 生成叶轮旋转面时拾取的线段（　　）。
3. 叶片由（　　）个直纹面组成。

学习活动 2　叶轮粗加工

叶轮粗加工：对叶轮相邻二叶片之间的余量进行粗加工。"叶轮粗加工"参数如图 12.1 所示。

（1）叶轮装卡方位。

①X 轴正向：叶轮轴线平行与（　　）轴，从叶轮底面指向顶面与（　　）轴正向同向的安装方式。

②Y 轴正向：叶轮轴线平行与（　　）轴，从叶轮底面指向顶面与（　　）轴正向同向的安装方式。

③Z 轴正向：叶轮轴线平行与（　　）轴，从叶轮底面指向顶面与（　　）轴正向同向的安装方式。

（2）走刀方向。

①从上向下：刀具由叶轮顶面切（　　）从叶轮底面切（　　），单向走刀。

②从下向上：刀具由叶轮底面切（　　）从叶轮顶面切（　　），单向走刀。

③往复：在以上 4 种情况下，一行走刀完后，不抬刀而是切削移动到下一行，反向走刀完成下一行的切削加工。

（3）进给方向。

①从左向右：刀具的行间进给方向是从左向右。

②从右向左：刀具的行间进给方向是从右向左。

③从两边向中间：刀具的行间进给方向是从两边向中间。

④从中间向两边：刀具的行间进给方向是从中间向两边。

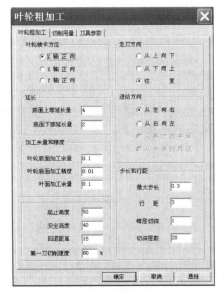

图 12.1　"叶轮粗加工"对话框

（4）延长。

①底面上部延长量：当刀具从叶轮上底面切入或切出时，为确保刀具不与工件发生碰撞，将刀具的走刀或进给行程向上延长一段距离，以使刀具能够完全离开叶轮（　　）底面。

②底面下部延长量：当刀具从叶轮下底面切入或切出时，为确保刀具不与工件发生碰撞，将刀具的走刀或进给行程向下延长一段距离，以使刀具能够完全离开叶轮（　　）底面。

（5）步长和行距。

①最大步长：刀具走刀的最大步长，大于"最大步长"的走刀步将被分成两步。

②最小步长：刀具走刀的最小步长，小于"最小步长"的走刀步将被合并。

③行距：走刀行间的距离。以半径最（　　）处的行距为计算行距。

④每层切深：在叶轮旋转面上刀触点的法线方向上的层间距离。

⑤切深层数：加工叶轮流道所需要的层数。叶轮流道深度＝每层切深×切深层数。

（6）加工余量和精度。

①叶轮底面加工余量：粗加工结束后，叶轮底面（即旋转面）上留下的材料厚度。也是下道精加工工序的加工工作量。

②叶轮底面加工精度：加工精度越大，叶轮底面模型形状的误差也增大，模型表面越粗糙。加工精度越小，模型形状的误差也减小，模型表面越光滑，但是，轨迹段的数目增多，轨迹数据量变大。

③叶面加工余量：叶轮槽的左右两个叶片面上留下的下道工序的加工材料厚度。

起止高度。刀具初始位置。起止高度通常大于或等于安全高度。

安全高度。刀具在此高度以上任何位置，均不会碰伤工件和夹具。

下刀相对高度。在切入或切削开始前的一段刀位轨迹的长度，这段轨迹以缓慢下刀速度垂直向下进给。

第一刀切削速度：第一刀进刀切削时，按一定的百分比速度进刀。

学习活动 3　叶轮精加工

1. 叶轮粗加工。对叶轮每个单一叶片的两侧进行精加工。"叶轮精加工"参数如图12.2所示。

2. 加工顺序。

①层优先：叶片两个侧面的精加工轨迹为同一层的加工完成之后，再加工（　　）一层。叶片两侧交替加工。

②深度优先：叶片两个侧面的精加工轨迹为同一侧的加工完成之后，再加工下（　　）侧面。完成叶片的一个侧面后再加工另一个侧面。

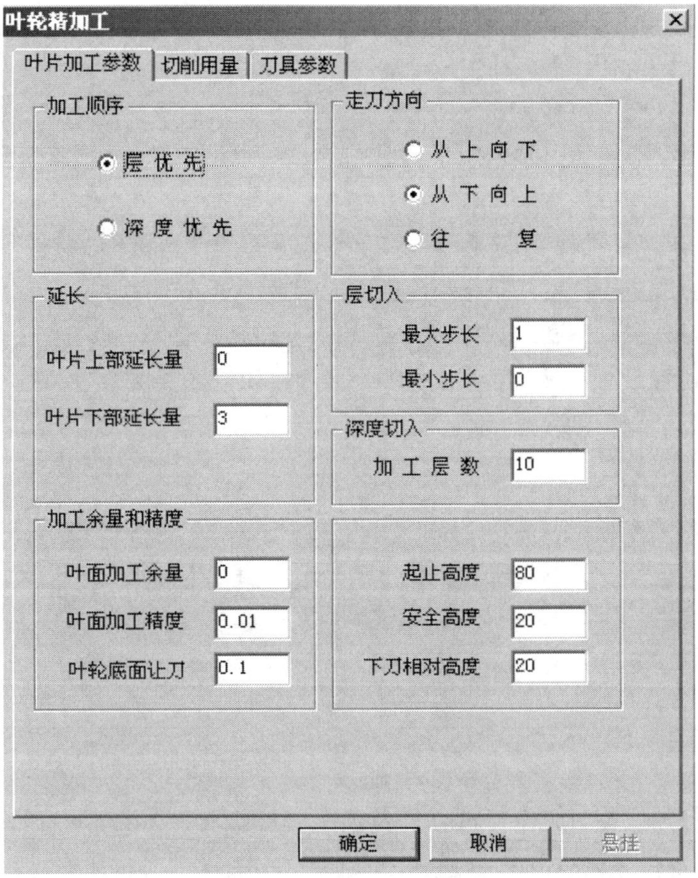

图 12.2 "叶轮精加工"对话框

3.走刀方向。

①从上向下:叶片两侧面的每一条加工轨迹都是由（   ）向（   ）进行精加工。

②从下向上:叶片两侧面的每一条加工轨迹都是由（   ）向（   ）进行精加工。

③往复:叶片两侧面一面为由下向上精加工,一面为由上向下精加工。

4.延长。

①叶片上部延长量:当刀具从叶轮上底面切入或切出时,为确保刀具不与工件发生碰撞,将刀具的走刀或进给行程向上延长一段距离,以使刀具能够完全离开叶轮上底面。

②叶片下部延长量:当刀具从叶轮下底面切入或切出时,为确保刀具不与工件发生碰撞,将刀具的走刀或进给行程向下延长一段距离,以使刀具能够完全离开叶轮下底面。

5.层切入。

①最大步长:刀具走刀的最大步长,大于"最大步长"的走刀步将被分成两步。

②最小步长:刀具走刀的最小步长,小于"最小步长"的走刀步将被合并。

6.深度切入。

加工层数:同一层轨迹沿着叶片表面的走刀次数。

7.加工余量和精度。

①叶面加工余量:叶片表面加工结束后所保留的余量。

②叶面加工精度:加工精度越大,叶轮底面模型形状的误差也增大,模型表面越粗糙。加工精度越小,模型形状的误差也减小,模型表面越光滑,但是,轨迹段的数目增多,轨迹数据量变大。

③叶轮底面让刀量:加工结束后,叶轮底面(即旋转面)上留下的材料厚度。

起止高度:刀具初始位置。起止高度通常大于或等于安全高度。

安全高度:刀具在此高度以上任何位置,均不会碰伤工件和夹具。

下刀相对高度:在切入或切削开始前的一段刀位轨迹的长度,这段轨迹以缓慢下刀速度垂直向下进给。

学习活动 4　工作总结与评价

学习目标:

1.能按分组情况,分别派代表展示工作成果,说明本次任务的完成情况,并分析总结。

2.能结合自身任务完成情况,正确规范地撰写工作总结(心得体会)。

3.能就本次任务中出现的问题,提出改进措施。

4.能对学习与工作进行反思总结,并能与他人开展良好的合作,进行有效的沟通。

5.能按要求正确规范地完成本次学习活动工作页的填写。

学习过程:

1.小组讨论:叶轮空间曲线的绘制方法。

2.教师评价。

(1)找出各组的优点进行点评。

(2)对任务完成过程中各组的缺点进行点评,提出改进方法。

(3)对整个任务完成中出现的亮点和不足进行点评。

评价与分板：

任务评价表

班级 _____ 学生姓名 _____ 学号 _____

项目	自我评价			小组评价			教师评价		
评价 分值 权重	9~10	6~8	1~5	9~10	6~8	1~5	9~10	6~8	1~5
	占总评 10%			占总评 20%			占总评 70%		
学习活动 1									
学习活动 2									
学习活动 3									
学习活动 4									
表达能力									
协作精神									
纪律观念									
工作态度									
任务总体表现									
小计分									
总评分									

任课教师：　　　　　　　　　　　年　月　日